La lumière à la loupe

Roland Lehoucq est astrophysicien au Commissariat à l'énergie atomique (CEA) de Saclay. On lui doit déjà plusieurs ouvrages de vulgarisation à l'attention du jeune public, et notamment la minipomme *Le Soleil, notre étoile*.

Depuis dix ans, **Stud** réalise des bandes dessinées, parues dans divers fanzines et revues indépendantes (*De Kwâh !*, *Stéréoscomic*, *Le Phaco*, *Que suerte* par exemple). Il a déjà illustré, au Pommier, la minipomme *A l'intérieur de l'ordinateur*.

relecture : Valérie Gautheron

ISSN 1770-7943
ISBN 2-7465-0248-8
www.editions-lepommier.fr
239, rue Saint-Jacques 75005 Paris

Roland Lehoucq

illustré par Stud

La lumière à la loupe

Ouvrage publié avec le concours
du ministère de la culture et de la communication
(Centre national du livre et
Cité des sciences et de l'industrie)
dans le cadre du fonds Jules Verne

Éditions
Le Pommier

La foule sort lentement du cinéma obscur, éblouie par la clarté du jour. Dans le flot des spectateurs, enchantés par le film, Chloé, son frère Léonard, son cousin Auguste, et leur grand-père discutent de façon animée.

Auguste — T'as vu ça ! La bagarre aux rayons lasers ! Ils étaient hyperpuissants ! Trop génial !

Léonard — Ouais ! Et la course entre les deux vaisseaux ennemis était super ! Et aussi la bataille finale ! Ça tirait dans tous les sens.

Chloé — Moi, j'ai trouvé que le héros était trop mignon, et hyperfort !

Auguste et *Léonard*, avec une moue de petite fille précieuse :

— Il est trop mignon !

Auguste — Ouais ! Il était trop mignon quand il se battait avec le gros méchant !

Les deux garçons rejouent alors le duel final en imitant le bruit des rayons lasers ; ils sautent en tous sens, comme deux petits singes.

Chloé — Mais vous êtes complètement idiots, les garçons ! D'abord, les rayons lasers pour se battre, ça n'existe pas ! Ce n'est pas possible !

Les garçons arrêtent tout à coup leur combat, un peu agacés... Comment ? Comment une fille peut-elle oser non seulement arrêter leur combat, mais aussi remettre en cause la puissance des rayons lasers des chevaliers de la Lumière ? Léonard est le premier à réagir :

— Ah bon ? Et pourquoi donc, mademoiselle Chloé, s'il vous plaît ?

Chloé — Parce que des rayons lasers ne peuvent pas se frapper comme des épées, puisqu'un laser c'est de la lumière, et puisqu'on peut passer à travers la lumière !

Léonard — Ouah ! mais qu'est-ce qu'elle raconte !

Grand-Père intervient pour empêcher que la discussion ne dégénère :

— Bon, bon, les enfants... On ne va tout de même pas se disputer pour de simples rayons lasers !

Auguste — De simples rayons lasers ? Attention, tu parles de ceux du super-méchant Arkanor !

Chloé — Rayons lasers, rayons lasers... C'est complètement impossible !

Grand-Père lance tout à coup :

— Arrêtons-nous au square pour déguster une bonne glace !

L'appel de l'estomac calme toutes les disputes :

— Super ! s'écrient alors en chœur les enfants.

Le petit groupe arrivé au chariot de Mme Gelati, la vendeuse de glaces du square Berlioz, chacun choisit son parfum. Une fois les glaces payées, tous quatre s'installent sur un banc, à l'ombre d'un arbre.

Grand-Père — Bon, alors, ces rayons ?

Grand-Père est un astrophysicien à la retraite. Après avoir passé des années à étudier la lumière des étoiles, il doit sûrement en connaître un maximum sur le laser !

Léonard — Je suis sûr qu'on peut en construire un ! D'ailleurs, les lasers existent vraiment puisqu'on en a utilisé pour opérer les yeux de Grand-Mère.

Auguste lui coupe la parole :

— Moi, j'ai l'impression que c'est possible de se battre avec des rayons lasers. Dans le film, ça avait l'air hyper vrai !

À ce moment précis, il fait un grand geste enthousiaste et renverse un peu de glace sur le pantalon de Chloé. Celle-ci, toute à son idée, ne semble pas avoir remarqué la bêtise :

— Mais non ! Vous n'en faites qu'à votre tête ! Je vous l'ai déjà dit : on peut passer à travers la lumière. Alors comment pourrait-on bloquer un rayon laser avec un autre ? D'ailleurs, quand on est allés au planétarium avec papa et maman l'année dernière, il avait bien un rayon laser rouge, le monsieur qui parlait, pas vrai, Léonard ? Et quand on est allés le voir pour qu'il nous le montre, il l'a pointé sur ta main et tu n'es pas mort, non ?

Tiens, pour une fois, elle avait bien mouché son frère ! Léonard en reste bouche bée.

Grand-Père — Mais que veux-tu dire par là, Chloé ?

Chloé — La lumière, ce n'est pas comme une table ou un livre, on ne peut pas la prendre avec ses mains. Alors comment un rayon laser pourrait-il pousser ou bloquer quelque chose ?

Tout à coup, remarquant la tache sur son pantalon, elle s'exclame :

— Qu'est-ce que c'est que cette cochonnerie ? Qui a fait ça ? Maman va me tuer !

Alors que Chloé lance un regard noir aux garçons, Grand-Père lui tend un mouchoir en papier. Mais, tout à son idée, il enchaîne :

— C'est tout à fait juste, la lumière n'est pas de même nature que la matière.

Qu'est-ce que la lumière ?

Pour Auguste, l'occasion de faire diversion est trop belle. Peut-être que Chloé ne comprendra pas qu'il est l'auteur de la tache... Il embraye alors sur le sujet :

— Ben alors, c'est quoi la lumière ?

Chloé, toujours furieuse — C'est ce qui nous permet de voir, bêta !

Léonard, qui aime bien la précision, souligne :

— Ce sont nos yeux qui voient. La lumière, c'est plutôt ce que nos yeux peuvent voir. Quand il n'y a pas de lumière, nos yeux ne peuvent rien voir. Il fait tout noir !

Grand-Père — C'est tout à fait ça ! En fait, la lumière entre dans nos yeux par un petit trou que l'on nomme « pupille » : c'est le petit rond noir au centre de chacun de nos yeux. Vous voyez ?

Les enfants — Oui !

Grand-Père — Une fois que la lumière est entrée par la pupille, elle va frapper la rétine, formée de cellules qui transforment la lumière en un signal que peut comprendre notre cerveau. Pas de lumière, pas de signal. Et sans signal, notre cerveau dit qu'il n'y a rien à voir ! Pour nous, le contraire de la lumière, son absence, c'est l'ombre, le noir. Quand cela se produit-il ?

Auguste — Ça, c'est facile : quand il fait nuit bien sûr, après le coucher du Soleil !

Léonard — Pendant une éclipse ! Quand la Lune cache le Soleil ! Comme en 1999 !

Grand-Père — Oui ! Mais vous savez, la lumière, c'est surtout de l'énergie.

Chloé est tellement prise par la conversation qu'elle en oublie de bouder :

— De l'énergie ? Comme le feu ?

Grand-Père — C'est un peu ça. L'énergie, c'est le moyen d'agir sur les choses ou de les transformer. Lorsque tu fais du vélo par exemple, les muscles de tes jambes agissent sur les pédales et le font avancer. Ce sont eux qui fournissent l'énergie nécessaire au déplacement.

Auguste — Ahhh ! Mais je ne comprends pas le rapport avec la lumière.

Grand-Père — La lumière, c'est de l'énergie, puisqu'on peut, par exemple, s'en servir pour brûler un morceau de papier, c'est-à-dire le transformer en cendres.

Léonard — Ah ! oui ! c'est vrai ! On fait ça avec une loupe !

Ni une ni deux, Grand-Père sort une loupe de sa poche ! C'est celle qui lui sert à observer ses trouvailles, cailloux ou insectes. Il ramasse toujours des tas de choses qu'il trouve intéressantes à observer... De l'autre poche, il sort une feuille de papier chiffonnée qu'il lisse avec soin. Quel drôle d'énergumène ce Grand-Père ! Il a plus d'un tour dans sa sac !

Grand-Père — Regardez. J'approche ma loupe du papier de sorte à avoir la plus petite tache de lumière possible. La loupe concentre alors au mieux sur cette tache tous les rayons du Soleil qui la frappent. Vous avez vu comme elle est brillante ? Auguste, prépare-toi. Je vais ôter la loupe et tu vas toucher la feuille à l'endroit où était la tache. Prêt ?

Auguste — Oui ! Ouah ! c'est un peu chaud !

Chloé — Laisse-moi toucher ! Ah ! oui ! Je sens encore un tout petit peu !

Léonard — Et pourquoi la feuille n'a pas brûlé ?

Grand-Père — C'est normal. Comme ce papier est blanc, une grande partie de la lumière rebondit dessus et il ne chauffe pas assez. Mais regardez ce qui va se passer une fois que j'aurai dessiné un point noir sur ma feuille.

Grand-Père sort un stylo à bille noir, trace un gros point, reprend sa loupe et la déplace à nouveau pour projeter une petite tache lumineuse pile sur son tracé. Immédiatement, une fumée bleutée s'élève au-dessus de la feuille.

Auguste — Waouh ! Vous avez vu ça ! Ça fume tout de suite !

Chloé — Et ça fait un trou dans la feuille !

Grand-Père — Eh oui, cette fois-ci, grâce à la tache noire, presque toute la lumière concentrée par la loupe est absorbée par la feuille. Cela provoque un échauffement suffisant pour la brûler et y faire un trou. Et maintenant, vous comprenez pourquoi il ne faut jamais regarder le Soleil directement ou avec un instrument : en quelques fractions de seconde, votre rétine serait gravement brûlée.

Léonard revient soudain sur l'idée précédente, tout content de pouvoir étaler ses connaissances :

— Ah ! le truc de la loupe je l'ai lu dans un Tintin ! Vous vous rappelez ? Dans *Le Temple du Soleil*, quand ils sont prisonniers des Incas, il réussit à allumer la pipe du capitaine Haddock avec une loupe.

Grand-Père — On raconte aussi qu'Archimède, un grand savant de l'Antiquité, a construit une arme secrète utilisant la lumière du Soleil pour détruire la flotte romaine.

Chloé — Une arme secrète ?

Grand-Père — Eh oui ! L'histoire se déroule durant la seconde guerre qui oppose Rome à Carthage. En 214

avant notre ère, le général romain Marcellus assiège la ville de Syracuse et sa flotte menace la ville. C'est Archimède, déjà fort connu comme géomètre, qui assure la défense de la cité, en tant qu'ingénieur militaire. Plusieurs textes rapportent qu'il réussit à vaincre la flotte romaine par un procédé ingénieux : il concentra les rayons solaires sur les bateaux ennemis grâce à des miroirs de métal poli et déclencha ainsi plusieurs

incendies. Aujourd'hui, on doute que ce système ait vraiment pu fonctionner parce que pour espérer enflammer une cible par cette méthode, il faut qu'elle reste immobile suffisamment longtemps. Et les bateaux bougeaient…

Auguste — En tout cas, il a bien dû réussir à griller quelques poils de soldats romains !

Grand-Père — Peut-être... Toujours est-il que les savants de l'Antiquité savaient déjà utiliser la lumière solaire comme source d'énergie. Et heureusement pour Archimède qu'il y avait du soleil le jour de l'attaque romaine !

Chloé ajoute tout à coup, comme illuminée :

— Mais si on peut faire brûler du papier, de la toile ou du bois avec le Soleil, on doit aussi pouvoir faire cuire des choses ?

Léonard — Comme le gâteau que tu avais laissé trop longtemps dans le four, Chloé…

Grand-Père prend un air un peu réprobateur :

— Léonard, enfin... Chloé, tu as raison, il existe des fours solaires. Les plus petits permettent de faire rôtir un poulet, le plus grand est celui d'Odeillo, qui fut mis en service dans les Pyrénées-Orientales en 1970 et qui n'est plus utilisé aujourd'hui. Mais dans ce four, on ne faisait pas cuire des gâteaux, il était utilisé pour faire fondre des métaux en les chauffant à près de 3 800 degrés !

Léonard — Waouh ! Ma glace n'aurait jamais tenu à cette température !

Auguste — Mais c'est dingue ! Alors, c'est un peu comme dans les films où les voleurs découpent les portes blindées pour accéder au coffre-fort !

Grand-Père — En effet, c'est l'énergie dégagée par le chalumeau des voleurs qui fait fondre la porte, comme l'énergie de la lumière solaire peut faire fondre un métal quand elle est correctement concentrée.

Chloé — Est-ce qu'on pourrait faire la même chose avec n'importe quelle lumière ?

Grand-Père — Que veux-tu dire par là ? À quelle sorte de lumière penses-tu ?

Chloé — Bah... à celle d'une ampoule électrique, par exemple. On pourrait faire brûler du papier avec ?

Grand-Père — Ah ! pour le coup, cela n'irait pas parce qu'une ampoule ordinaire n'est pas suffisamment brillante, elle n'envoie pas assez de lumière.

Chloé — Pourtant, quand on regarde une lampe, cela fait presque aussi mal aux yeux que le Soleil...

Grand-Père — Pour que tu comprennes bien, il faut que je t'explique quelque chose. Les physiciens disent parfois que la lumière est constituée de grains, chaque grain transportant une toute petite quantité d'énergie.

Auguste — La lumière ? Des grains ? Ce ne serait pas toi qui aurais un petit grain par hasard, Grand-Père ? Jamais je n'ai vu de la lumière en grains ! C'est pas du café, la lumière !

Grand-Père — Il ne faut pas les imaginer comme de minuscules morceaux de matière. Les physiciens utilisent cette comparaison parce que certains phénomènes sont plus simples à comprendre si l'on considère que la lumière est faite de grains d'énergie : on les appelle les « photons ».

Chloé — Et alors, quel rapport avec le Soleil et l'ampoule ?

Grand-Père — En moyenne, un photon solaire et un photon d'ampoule ont à peu près la même énergie. La différence, c'est que nous recevons beaucoup plus de photons du Soleil que d'une ampoule.

Léonard — Ça veut dire que nous recevons plus d'énergie du Soleil que d'une ampoule, alors ?

Grand-Père — Bien sûr ! La quantité d'énergie solaire captée avec la loupe est telle qu'elle permet de brûler du papier en la concentrant.

Léonard — Mais alors, les panneaux solaires des satellites, ils récoltent l'énergie de la lumière du Soleil ? C'est ça ?

Grand-Père — Exactement ! Ces panneaux transforment la lumière en électricité, laquelle permet au satellite de fonctionner. Regardez, je vais vous montrer.

Grand-Père fouille dans ses poches, qui paraissent sans fond, et en sort sa calculatrice.

Auguste — Avec ta calculatrice ? Vraiment, parfois, Grand-Père, on croirait que tu es tombé sur la tête !

Grand-Père — Avez-vous déjà remarqué que cette calculatrice portait une surface rectangulaire noire ?

Léonard, qui, décidément, veut étaler sa science — Mais oui ! C'est elle qui la fait fonctionner. Elle n'a pas besoin de piles !

Grand-Père — Exact, c'est un petit panneau solaire qui transforme la lumière en électricité. Regardez ce qui se passe si je le masque soigneusement avec mon doigt.

Chloé semble assister à un sacré tour de magie :

— Oh ! le nombre affiché disparaît !

Léonard — Pffff, mais c'est normal, Chloé ! Plus de lumière, plus d'électricité !

Grand-Père — Tout juste ! Et sans électricité, pas d'affichage… Si j'ôte ma main, celui-ci réapparaît tout de suite. Et dans la nature, connaissez-vous des choses qui utilisent la lumière solaire pour fonctionner et se développer ?

Chloé — Les plantes ! Maman dit toujours qu'elles ont besoin de lumière pour pousser.

Grand-Père — Tout à fait, la lumière permet aux plantes de faire certaines réactions chimiques indispensables à leur croissance. Si on les prive de lumière, elles se dessèchent et périssent. Les plantes transforment la

lumière solaire en énergie pour vivre en pratiquant la photosynthèse.

Chloé — « Photosynthèse », c'est trop bizarre ce mot !

Grand-Père — Le préfixe grec *photo*- signifie « lumière ». On le retrouve dans « photon » !

Léonard — Et dans « photographie » aussi !

Auguste — Oh ! mais Léonard, que tu es brillant... une vraie lumière !

Auguste pouffe de son mot d'esprit.

Léonard, ignorant la boutade de son cousin — Ou dans « photocopie » !

Grand-Père — Qui est la copie par la lumière ! Si vous consultez un dictionnaire, vous y trouverez des tas de mots construits avec le préfixe *photo*-.

Auguste — Et « photogénique » ? C'est un génie de la lumière ?

Tous les objets émettent-ils de la lumière ?

Léonard, pour se venger d'Auguste — Euh, Auguste, toi, tu n'es pas photointelligent à ce que je vois...

Chloé se dirige vers le bassin pour nettoyer son pantalon taché et s'écrie tout à coup :

— Oh ! vous avez vu ? Des poussières sont apparues dans la lumière, là-bas !

Les deux garçons s'approchent et se regardent, dubitatifs...

Auguste — Où ça ?

Chloé — Là, tu vois le rayon de soleil qui passe entre les feuilles de l'arbre ?

Auguste — Ah ! oui ! c'est vrai ! On voit les poussières tournoyer dans l'air !

Chloé — Comment la lumière fait-elle de la poussière, Grand-Père ?

Grand-Père — En fait, ces grains de poussière sont toujours là. À l'instant présent, il se trouve que ces poussières renvoient vers nos yeux une partie de la lumière

qu'elles reçoivent. Regarde autour de toi : le banc, les arbres, les gens. Si tu les vois, c'est parce que leur surface renvoie vers tes yeux une partie de la lumière qui les frappe. Mais cette lumière, la fabriquent-ils eux-mêmes ?

Léonard — Non, bien sûr ! Les arbres et les gens ne sont pas des ampoules !

Grand-Père — Exactement, c'est la lumière du Soleil qui traverse l'atmosphère de la Terre et les nuages, rebondit sur le sol, les arbres, les choses qui t'entourent. Un tout petit peu finit par entrer dans ton œil : cela te permet de voir ces choses. Pour les poussières, c'est la même chose. Elles ne sont pas apparues par magie : l'air en est rempli. Si, en général, on ne les voit pas, c'est qu'elles sont minuscules, cinquante fois plus petites qu'un cheveu, et pas correctement éclairées.

Chloé — Finalement, pour bien voir ces petites poussières, il faut mieux les éclairer.

Grand-Père — Tout à fait. Pour voir une chose, il faut deux conditions : il faut l'éclairer et qu'un peu de la lumière renvoyée par sa surface entre dans nos yeux. Inversement, si aucune lumière ne pénètre dans l'œil, on ne voit rien.

Léonard, Chloé et *Auguste* — ... ?

Grand-Père — Ça a l'air idiot dit comme ça, mais cela veut dire que, sans les poussières, on ne pourrait pas voir qu'un rayon de soleil passe entre les feuilles, car il n'est pas dirigé vers notre œil, mais de droite à gauche. Les poussières rendent ce rayon de soleil visible en renvoyant sa lumière dans toutes les directions.

Auguste — Attends, tu es en train de nous dire que, sans les poussières, on ne pourrait pas voir un faisceau de lumière qui passerait juste devant nous, sous nos yeux ?

Grand-Père — Exactement. Si rien ne dévie une partie de la lumière du faisceau, aucune lumière ne peut entrer dans nos yeux, et on ne voit pas le faisceau. Prenez le laser d'Arkanor par exemple. C'est un faisceau de lumière dirigé dans une seule direction. Si ce n'est pas celle de nos yeux, impossible de le voir !

Léonard semble tout à coup déchanter :

— Mais alors, dans le film, on n'aurait pas dû voir les rayons ?

Grand-Père — Eh bien non. Sauf s'ils étaient dirigés droit vers ton œil ou si le lieu du combat était sombre et poussiéreux !

Les garçons ont l'air dépités...

Grand-Père — Je ne voudrais pas vous décevoir davantage, les garçons, mais il y a autre chose de bizarre avec le laser d'Arkanor : il a la forme d'une lame d'épée... Avez-vous déjà vu un faisceau de lumière s'arrêter comme ça, au milieu de l'air ?

Chloé, qui jubile dans son coin, se félicitant d'avoir raison depuis le début :

— Ah ! non ! Quand j'allume une lampe de poche, la lumière va jusqu'à l'endroit que j'éclaire.

Léonard donne raison à sa sœur, un peu à contrecœur :

— Oui, c'est vrai ! Une nuit, en tournant ma lampe-torche vers le ciel, j'ai eu l'impression que le faisceau montait jusqu'aux étoiles.

Grand-Père — La lumière se propage en ligne droite jusqu'à l'infini. Sauf, bien sûr, si elle rencontre un obstacle qui la dévie ou la stoppe. Prenez un miroir par exemple. Que fait la lumière quand elle arrive dessus ?

Auguste — Elle rebondit dans une autre direction !

Grand-Père — C'est ça. Elle se dirige tout droit vers le miroir puis repart tout droit dans une autre direction, après avoir rebondi dessus. On dit aussi que la lumière est « réfléchie » par le miroir. Les miroirs dévient la lumière et on peut par exemple lui faire faire trois quarts de tour en en disposant trois astucieusement !

Comment la lumière se déplace-t-elle ?

Après que Chloé a nettoyé son pantalon et alors qu'ils reprennent leur route vers la maison de Grand-Père, Auguste continue :

— Bon, la lumière va en ligne droite, d'accord, mais à quelle vitesse elle se déplace ?

Léonard — Moi je sais ! Moi je sais ! Il lance alors d'un air savant : à 300 000 kilomètres par seconde !

Grand-Père — C'est exactement ça, à condition que la lumière se déplace dans le vide. Dans du verre ou dans de l'eau, la lumière va moins vite.

Chloé — Ah bon ? Et quelle est sa vitesse dans l'eau ?

Grand-Père — Seulement 230 000 kilomètres par seconde. C'est déjà rapide…

Léonard — Et qu'est-ce qui va plus vite que la lumière ?

Grand-Père — Rien ! Rien ne peut aller plus vite que la lumière dans le vide ! C'est une sorte de limitation de vitesse valable pour tout, partout et tout le temps. En tout cas, c'est une vitesse déjà assez grande. Tenez, par exemple, la lumière du Soleil que renvoie la surface de la Lune ne met que 1,3 seconde pour nous parvenir ! Celle émise directement par le Soleil prend environ cinq cents secondes.

Chloé et Auguste ne veulent pas être en reste :

Chloé — Et celle des planètes ?

Auguste — Et celle des étoiles ?

Grand-Père — Holà holà ! que de questions, les enfants ! La lumière que nous renvoie la planète Jupiter met quarante minutes pour venir jusqu'à nous. L'étoile la plus proche de nous, qui se nomme Proxima, située dans la constellation du Centaure, est si distante que sa lumière met quatre ans et quatre mois pour nous parvenir.

Auguste se met alors à courir comme un fou sur le trottoir en hurlant :

— Je vais aussi vite que la lumière !!!!

Mais c'était sans voir la queue de ce petit chien qui était tranquillement assis sur le trottoir... et qui hurle de douleur.

Léonard, Chloé et *Grand-Père* — Auguste !!!!

Le petit animal repart la queue entre les pattes...

Léonard — Et la lumière émise par les galaxies ?

Grand-Père — Elles sont encore plus lointaines que les étoiles. La grande galaxie de la constellation d'Andromède est vraiment très lointaine : la lumière que nous en recevons maintenant est partie il y a

2,2 millions d'années, au moment où l'humanité venait tout juste d'apparaître sur la Terre.

Auguste — Ça alors !

Grand-Père — Les distances qui séparent les astres sont si grandes qu'il est souvent plus simple de les exprimer en donnant le temps mis par leur lumière pour nous parvenir. Du coup, les physiciens ont eu l'idée d'utiliser la lumière pour mesurer une distance, celle de la Terre à la Lune par exemple.

Léonard — Ah bon ? Et comment on fait ?

Grand-Père — Vous vous rappelez que je vous ai raconté l'histoire de la conquête de la Lune ?

Auguste — Oui, je me rappelle. Le premier homme à avoir marché sur la Lune s'appelait Neil Armstrong.

Léonard, taquin — Ouais... il n'a pas marché sur la queue d'un chien, lui ! C'était en 1969. On n'était même pas nés !

Grand-Père — Eh bien, figurez-vous qu'avant de repartir vers la Terre, les astronautes ont volontairement laissé des instruments scientifiques sur la Lune, notamment un ensemble de miroirs comme ceux que l'on trouve à l'arrière des bicyclettes, pour les signaler la nuit.

Auguste — Et pourquoi ? Pour que les martiens voient dans le noir ?

Grand-Père, rieur — Ah non, ces miroirs, qui ont la forme d'un coin de cube en creux, ont la propriété de renvoyer la lumière dans la direction d'où elle est arrivée. Que va-t-il se passer si on les éclaire depuis la Terre, avec la lumière d'un laser par exemple ?

Chloé — Ben... Ah ! oui ! je sais ! La lumière va rebondir sur les miroirs et revenir vers la Terre.

Grand-Père — Exactement ! Il se produit une sorte d'écho lumineux qui revient exactement à l'endroit d'où s'est faite l'émission. En mesurant le temps mis

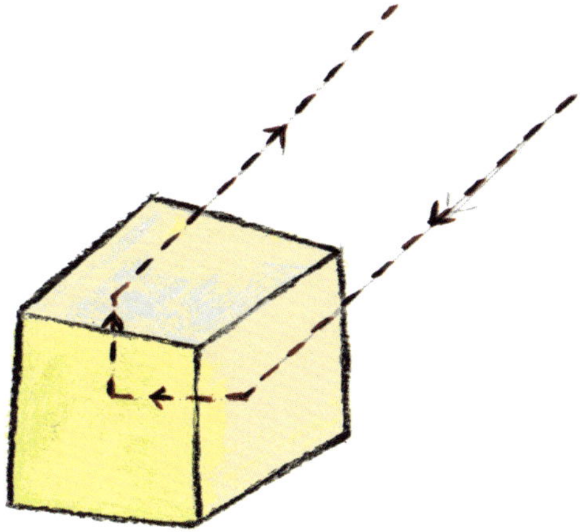

par la lumière pour parcourir un aller-retour entre la Terre et la Lune, il est possible de calculer la distance de la Lune. Alors, si je vous dis que la lumière met à peu près 2,6 secondes pour revenir, saurez-vous calculer la distance de la Lune ?

Léonard se lance tout de suite dans le calcul afin de maintenir sa réputation de matheux :

— Euh… Alors la lumière parcourt 300 000 kilomètres chaque seconde, donc en 2,6 secondes, elle aura fait 2,6 fois 300 000 kilomètres !

Grand-Père — C'est ça. Voyons voir... ma calculatrice me dit que le résultat est 780 000 kilomètres. Mais ça, ce n'est pas la distance de la Lune !

Chloé — Ah bon ?

Grand-Père — Eh oui, il faut encore diviser par 2 ce résultat parce que la lumière, en faisant un aller-retour, parcourt deux fois la distance Terre-Lune.

Auguste se saisit alors de la calculatrice de son grand-père :

— Alors, je divise 780 000 par 2 et ça donne… 390 000 kilomètres !

Grand-Père — Pile la bonne réponse ! Bon, évidemment, les scientifiques font des mesures et un calcul plus précis. Pensez qu'ils peuvent déterminer la distance de la Lune à mieux d'un centimètre près ! Pour ça, il faut tenir compte d'un tas de petites corrections : la lumière ne se propage pas tout à fait à la même vitesse dans le

vide et dans l'air ; ou encore, la distance Terre-Lune a légèrement varié entre le départ de la lumière et son retour. En plus, la détection de l'écho de lumière est plutôt difficile parce qu'il ne revient sur la Terre qu'une toute petite partie de la lumière envoyée vers la Lune.

Quelle est la couleur de la lumière ?

Chloé passe tout à coup du coq à l'âne :

— Mais les lasers, il y en a de toutes les couleurs, non ? Parce que, dans le film, le laser du héros est vert et celui du méchant est rouge.

Grand-Père — Oui, les scientifiques savent construire des lasers rouges, verts et même bleus. Au fait, savez-vous que la lumière est souvent un mélange de plusieurs couleurs ?

Auguste — Un mélange de couleurs ?

Grand-Père — Oui, la lumière du Soleil ou celle d'une ampoule nous apparaissent un peu jaunes, mais elles sont en fait composées de plusieurs couleurs.

Chloé — Ah ! oui ! c'est comme dans les arcs-en-ciel, il y a des tas de couleurs !

Auguste — Je les connais ! Ce sont le rouge, l'orange, le jaune, le vert, le bleu et le violet !

Grand-Père — Comme l'arc-en-ciel ne se produit que lorsqu'il y a du soleil, c'est que ces couleurs sont contenues dans la lumière solaire. Il est possible de les séparer avec ce petit objet.

De façon théâtrale, Grand-Père sort de sa poche une sorte de petite pyramide transparente.

Chloé — Oh ! Qu'est-ce que c'est ?

Grand-Père — C'est un prisme en verre. Avec lui, on peut décomposer la lumière du Soleil et voir toutes les couleurs qu'elle contient. Regardez !

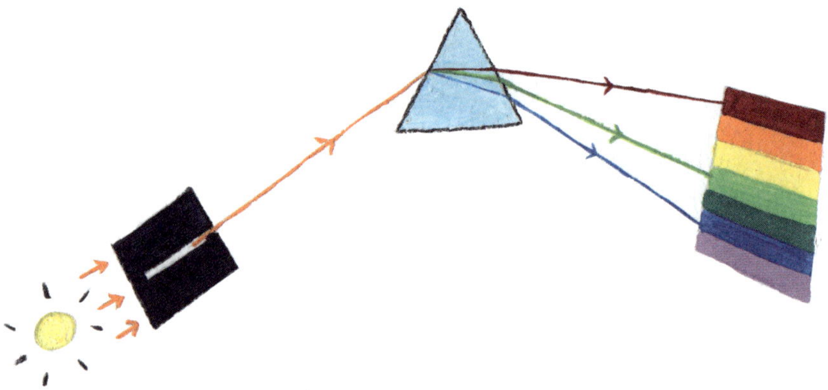

Grand-Père ressort la feuille de papier utilisée tout à l'heure, maintenant percée d'un petit trou cerné de noir, puis il place le prisme dans la lumière du Soleil et le tourne jusqu'à ce qu'un petit arc-en-ciel se projette sur la feuille. Les passants le regardent d'un air intrigué...

Chloé — Oh ! c'est beau !

Auguste — Ça fait un petit arc-en-ciel !

Grand-Père — Sauf que dans un vrai arc-en-ciel, ce sont des gouttelettes d'eau de pluie qui jouent le rôle du prisme. Et les physiciens appellent « spectre » ce petit arc-en-ciel. Sûrement parce que, comme les fantômes, il ne se laisse pas voir facilement ! L'étude détaillée du spectre du Soleil, avec un système plus précis que mon petit prisme bien sûr, permet d'apprendre des tas de choses sur lui. Sa température par exemple, ou bien encore de quels gaz il est formé.

Une question pressante s'impose alors à l'esprit de Léonard et arrête une nouvelle fois leur marche :

— Et pourquoi il s'arrête au violet, le spectre ?

Grand-Père — Voilà une excellente question ! En fait, le spectre ne s'arrête pas au violet, ni au rouge du reste. Il existe des lumières au-delà de ces couleurs, des lumières qui sont invisibles à nos yeux.

Auguste — Invisibles ? Comme l'homme invisible ?

Grand-Père — Oui, des couleurs que nos yeux ne peuvent pas capter et que notre cerveau ne peut pas analyser. Par exemple, au-delà du violet, on trouve d'abord la lumière ultraviolette, celle qui nous fait bronzer !

Chloé — Ah ! oui ! En été, maman dit toujours qu'il faut se protéger des rayons ultraviolets en mettant une casquette, un tee-shirt et aussi de la crème solaire.

Grand-Père — Le Soleil émet en effet de l'ultraviolet dont la plus grande partie est arrêtée par la couche d'ozone, située au sommet de l'atmosphère.

Chloé — Et même qu'il y a un trou dans cette couche.

Grand-Père — C'est ce qu'ont conclu des scientifiques après l'avoir étudiée. La couche d'ozone doit être protégée si l'on veut qu'à son tour, elle nous protège de l'ultraviolet solaire. Savez-vous qu'il existe des animaux qui voient l'ultraviolet ?

Auguste, rieur — Ah bon ? Ils mettent des lunettes spéciales ?

Grand-Père — Mais non Auguste ! Ils sont constitués comme cela : les abeilles par exemple, et la plupart des insectes d'ailleurs. Quelques oiseaux aussi.

Léonard — Et au-delà du rouge ? Quelle est la nouvelle couleur ?

U.V

Grand-Père — Il s'agit de l'infrarouge. Et figurez-vous que vous êtes lumineux en infrarouge !

Léonard — Tu veux dire que notre corps est comme une sorte d'ampoule infrarouge ?

Grand-Père — Exactement ! L'infrarouge est une couleur émise par les corps chauds dont la température est comprise entre quelques dizaines et quelques

Chien vu en lumière infrarouge (à gauche) et en lumière normale (à droite). En infrarouge, les parties claires sont les plus chaudes.

centaines de degrés. En général, les animaux à sang chaud émettent de l'infrarouge. Certains prédateurs nocturnes se sont donc adaptés et ont la capacité de voir cette couleur pour détecter leur proie.

Auguste — C'est dingue, ça ! C'est comme si je voyais tout rouge alors ? Ce sont quels animaux ?
Grand-Père — Le crotale par exemple. Ce serpent se nourrit de petits rongeurs à sang chaud dont certains ont des habitudes nocturnes. Comment faire pour les voir la nuit ? En plus de ses yeux, fort utiles en pleine journée, le crotale est doté, sur l'avant de son museau, de deux fossettes qui détectent la lumière infrarouge. Il ne voit pas vraiment sa proie, il ne fait que percevoir une tache chaude en mouvement.

Chloé — Ça alors ! c'est incroyable !

Grand-Père — Et il y a encore plus rigolo ! Il existe une sorte de coléoptère…

Auguste le coupe :

— Un quoi ? Un hélicoptère ?

Grand-Père — Un coléoptère, une sorte d'insecte volant d'environ un centimètre de long capable de repérer un feu de forêt à une distance supérieure à vingt kilomètres. Il se regroupe avec ses congénères près de ces feux pour s'y accoupler et pondre dans le bois d'arbres récemment brûlés, car ses larves ne peuvent survivre dans du bois vivant. Son ventre est tapissé de filaments capables de détecter la lumière infrarouge émise par un feu de forêt.

Léonard — Et à part l'infrarouge et l'ultraviolet, il y a d'autres couleurs invisibles ?

Grand-Père — Oh ! oui ! Beaucoup plus qu'on ne le croit. Tenez, les fours à micro-ondes, par exemple, cuisent ou réchauffent les aliments en les éclairant avec une lumière invisible à nos yeux, les micro-ondes justement.

Chloé — Les fours à micro-ondes cuisent avec de la lumière ?

Grand-Père — Tout à fait.

Auguste — Au fait, savez-vous quel est l'animal qui croonde ?

Chloé, Léonard et Grand-Père se regardent avec étonnement...

Auguste — Ben, c'est la fourmi ! Parce que la fourmi croonde !

Léonard — Ouarf ! Elle est excellente !

Chloé fait la moue et lance :

— Bon, Auguste, ça suffit avec tes blagues débiles ! Grand-Père, la lumière est-elle utilisée pour autre chose ?

Grand-Père — Il y a aussi les rayons X, qui sont invisibles à nos yeux, utilisés en radiologie médicale, pour examiner les os par exemple. Et encore les ondes radio, utilisées par la radio, la télévision et les téléphones portables. Finalement, il y a beaucoup de sortes de lumière et nos yeux ne sont capables d'en capter qu'une toute petite partie !

Comment fait-on de la lumière ?

Grand-Père — Ah ! Nous voilà arrivés à la maison, enfin ! Grand-Mère n'a pas l'air d'être rentrée de la piscine. Allons dans le salon nous reposer quelques instants. Mes vieux os ont besoin de se remettre de cette petite marche...

Mais les enfants ne laissent pas une seconde de répit à leur grand-père :

Chloé — Mais elle est née quand la lumière ?

Grand-Père — La lumière a toujours existé, elle est née en même temps que l'Univers.

Auguste renchérit :

— Dis, Grand-Père, au fait, comment fait-on de la lumière ?

Chloé — Ben, c'est facile, avec de l'électricité, en appuyant sur l'interrupteur !

Grand-Père — C'est effectivement une solution. Mais il faut aussi comprendre comment l'électricité se transforme en lumière dans une lampe. Vous rappelez-vous comment une ampoule est faite ?

Léonard — Bien sûr, Grand-Père ! On sait ça, quand même, on n'est plus des bébés ! Il y a du verre et un petit ressort à l'intérieur.

Grand-Père — Quand tu appuies sur l'interrupteur, l'électricité circule dans le filament, le petit ressort dont tu parles. Celui-ci est fait en tungstène, un métal qui fond difficilement. Au passage de l'électricité, le filament chauffe à près de 2 500 degrés et devient lumineux !

Chloé — C'est comme les braises d'un feu !

Auguste — Ou les flammes de la gazinière !

Grand-Père — Et n'oubliez pas le Soleil qui, lui aussi, brille parce qu'il est chaud. Il faut savoir que la couleur d'un corps chaud permet de connaître sa température : plus la lumière émise contient de bleu, plus la température est élevée. Ainsi une flamme bleue sera-t-elle plus chaude qu'une flamme jaune, orange ou rouge. Pour se rappeler la règle, c'est facile : c'est l'inverse de ce qu'indiquent les couleurs des robinets de la salle de bains !

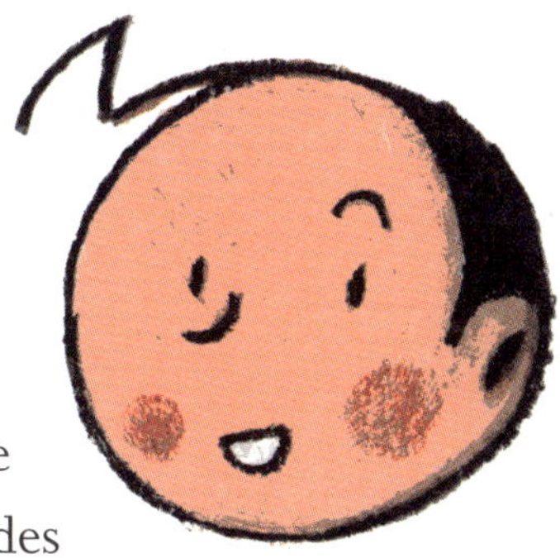

Chloé — Est-ce qu'il y a un autre moyen de transformer l'électricité en lumière ?

Grand-Père prend un air énigmatique et se dirige vers une des télécommandes :

— Observez attentivement la télécommande du téléviseur ou du magnétoscope ! Vous verrez qu'à l'une de ses extrémités se trouve une petite fenêtre rougeâtre : il s'y cache une sorte de petite ampoule que l'on appelle « diode électroluminescente ».

Les enfants sont très concentrés, comme si la télécommande était une véritable baguette magique...

Grand-Père — Quand vous appuyez sur l'un des boutons de la télécommande, cette diode, traversée par un courant électrique, émet une impulsion de lumière infrarouge. C'est cette lumière qui transmet la commande à l'appareil.

Chloé — Ah mais alors ! je comprends pourquoi il faut toujours viser avec la télécommande pour que ça marche ! C'est pour que la lumière infrarouge arrive à la télé !

Grand-Père — C'est cela ! Mais tu peux tout aussi bien viser le mur en face de ton téléviseur. La lumière infrarouge émise par la diode rebondira sur le mur avant d'atteindre le téléviseur.

Auguste — Et la lumière d'un éclair, comment se forme-t-elle ?

Grand-Père — Un éclair, c'est de l'électricité qui traverse l'air depuis un nuage vers la Terre. Sur son passage, l'air devient lumineux. Les tubes lumineux reproduisent ce phénomène en miniature : on fait passer de l'électricité dans un gaz, du néon en général.

Chloé — Et il y a encore d'autres façons de faire de la lumière ?

Grand-Père — Bien sûr ! Vous connaissez les lucioles ?
Auguste — Oui ! Ce sont des insectes brillants que l'on voit la nuit.
Grand-Père — Eh bien, pour produire leur lumière, les lucioles ont une drôle d'astuce. Leur corps fabrique deux produits, de la luciférine et de la luciférase, qui, en se mélangeant, produisent de la lumière.
Chloé — Quels drôles de noms !

Grand-Père — Oui, ils viennent de Lucifer, dont le nom signifie « le porteur de lumière » en latin. Le même genre de réaction chimique est utilisé dans les « bâtons de lumière » qu'utilisent les randonneurs ou les équipes de secours. Il suffit de les plier en deux pour briser la paroi séparant deux produits. Ils se mélangent et produisent de la lumière pendant plusieurs heures.

La lumière, à quoi ça sert ?

Grand-Père — Et maintenant, à moi de vous poser une question : à quoi ça sert, la lumière ?

Chloé — À s'éclairer la nuit !

Auguste — À faire vivre les plantes ! Elles ont besoin de lumière pour pousser.

Léonard — À nous chauffer ! Grâce à la lumière du Soleil, il fait chaud sur la Terre.

Auguste — Et à mesurer la distance de la Lune ! Ça, tu nous l'as dit tout à l'heure.

Grand-Père —Tout cela est parfait. D'ailleurs, cela me fait penser à quelque chose ! Tout à l'heure, nous avons dit que la lumière mettait 1,3 seconde pour atteindre la Lune. On dit alors que la distance de la Terre à la

Lune est de 1,3 seconde-lumière. Avez-vous une idée de votre taille en seconde-lumière ?

Chloé — Cela ne doit pas être beaucoup puisque la lumière va très vite !

Grand-Père — Tout à fait. À vue de nez, vous devez tous les trois mesurer entre 4 et 4,5 milliardièmes de seconde-lumière !

Auguste — Si peu ! On est vraiment minsucules alors...

Chloé — Et elle sert à quoi d'autre, la lumière ?

Auguste — Eh bien, à voir un film ou écouter de la musique. Cette dernière est enregistrée sur un CD sous la forme de millions de petites bosses. Pour lire ce qui y est inscrit, un rayon lumineux balaie la surface du disque. La lumière est renvoyée différemment selon que le rayon frappe un creux ou une bosse. Un dispositif électronique analyse la lumière réfléchie par le disque et produit le son correspondant.

Chloé — Ah, ça ressemble un peu au truc rouge des caisses du supermarché !

Grand-Père — C'est le même principe. Pour enregistrer les achats, la caissière les fait passer devant un rayon lumineux qui lit le code-barres inscrit sur l'étiquette. Les physiciens se servent aussi de la lumière pour étudier le monde des atomes. Et pour les astronomes, la lumière est le messager des étoiles : c'est grâce à elle qu'ils peuvent comprendre ce qui se passe dans l'Univers.

Chloé — Et si la lumière s'éteignait, que se passerait-il ?

Grand-Père — Tout dépend de la façon dont cela arriverait ! Il fait nuit régulièrement et rien de grave ne se produit !

Chloé — Tu fais l'idiot ou quoi ? Moi, je pensais à ce qui se passerait s'il faisait toujours nuit !

Grand-Père, rieur — Ah ! oui ! Alors là, je pense que si le Soleil s'éteignait, ce serait très certainement une catastrophe pour nous, car la Terre tout entière deviendrait froide et sombre. La plupart des êtres vivants n'y survivraient pas, car ils ne sont pas adaptés à un monde sans lumière. Pas de risque que cela arrive car les astronomes pensent que le Soleil continuera de briller comme il le fait pendant encore au moins quatre milliards d'années. En revanche, il finira sa vie sous la forme d'une petite étoile très peu brillante que l'on nomme « naine blanche ». À ce moment-là, la Terre ne sera probablement plus suffisamment éclairée.

Auguste — Alors on ne peut pas vivre sans lumière ?

Grand-Père — Bien sûr que si ! Il existe des animaux qui vivent dans des grottes souterraines, sans jamais voir la lumière du jour. Et il y aussi les poissons des profondeurs. La lumière du Soleil est fortement absorbée par l'eau : seule une faible partie atteint cent mètres de profondeur et la nuit noire règne au-delà de cinq cents mètres. Alors, au fond des océans, vous pensez...

Chloé — Et si on se regardait la série de science-fiction, *Mission Espace*, histoire de voir encore des rayons lasers, même si on sait maintenant que cela ne fonctionne pas vraiment comme ils le montrent !

Auguste et *Léonard* — Bonne idée, Chloé !

Et Léonard ne peut s'empêcher de rajouter :

— Pour une fois...

Puis il continue, en s'adressant à Auguste :

— Arkanor, à vous, je vous écoute. Attention, bataille des lasers !

Et l'épisode démarre...

À faire soi-même

Crée du blanc avec des couleurs : le disque de Newton

Matériel : une toupie, une feuille de papier blanc, un compas, des feutres de couleur, des ciseaux, de la colle.

Sur la feuille de papier, trace un cercle du même diamètre que la toupie. Divise le disque en six parts égales et colorie chaque part avec les feutres dans l'ordre suivant : rouge, orange, jaune, vert, bleu, violet. Perce un trou au centre du disque pour y faire passer la tige de la toupie et puis colle-le à sa surface. Enfin, lance la toupie et observe le disque : il paraît blanc ou gris clair !

Quand la toupie tourne suffisamment vite, ton œil n'est plus capable de distinguer tous les détails du disque. Alors, ton cerveau fabrique une image qui mélange toutes les sensations colorées et tu vois du blanc !

Joue avec un miroir de poche

Matériel : une lampe de poche, plusieurs petits miroirs de poche ou à maquillage.

Dans une pièce sombre, pose la lampe de poche allumée sur une table. Prends un petit miroir et place-le dans le faisceau lumineux. Amuse-toi à déplacer la tache de lumière sur le mur en changeant la position de ton miroir. À plusieurs, le jeu devient encore plus amusant. Le premier participant se tient immobile, son miroir en main. Le second doit, en plaçant son miroir dans le faisceau lumineux, réussir à éclairer le premier miroir. Ensuite, trouve comment il faut faire pour que la lumière de la lampe fasse demi-tour ! Avec plein de miroirs, vous pouvez aussi vous amuser à faire une chaîne de lumière !

La boîte noire

Matériel : une boîte à chaussures vide, un cutter, une feuille de papier-calque, du ruban adhésif, une épingle.

Avec l'aide d'un adulte, découpe au cutter (fais bien attention à ne pas te blesser) une fenêtre dans le couvercle de la boîte à chaussures. Scotche la feuille de papier-calque sur la fenêtre. Avec l'épingle, perce un trou sur le fond de la boîte. Remets le couvercle en place. Le soir, dans une pièce sombre, dirige le trou de la boîte vers une lampe de poche ou de bureau. Tu verras l'ampoule apparaître sur le calque !
La lumière de l'ampoule passe à travers le petit trou et forme une image sur le papier-calque. Les rayons qui viennent de la partie supérieure de l'ampoule frappent le bas du papier tandis que les rayons issus de la partie inférieure le frappe vers le haut. Du coup, le haut et le bas sont inversés, ainsi que la droite et la gauche.

Index

Astrophysicien p. 8
Couleurs p. 37 à 45, 57
Électricité p. 21 à 22, 46 à 49
Énergie p. 11 à 13, 20 à 21, 23
Four solaire p. 19
Infrarouge p. 42 à 44, 48
Laser p. 5 à 9, 27 à 28, 34, 37
Loupe p. 13 à 15, 21
Luciole p. 50
Lune p. 31, 33 à 37, 51
Miroir p. 16, 28 à 30, 34, 58
Œil p. 8, 11, 25 à 27, 39, 44 à 45
Photon p. 21, 23
Photosynthèse p. 23
Prisme p. 38 à 39
Soleil p. 13 à 15, 18, 21, 25 à 27, 37 à 40, 47, 51 à 54
Spectre p. 39
Ultraviolet p. 40, 44
Vitesse (de la lumière) p. 31, 36

Sommaire

Qu'est-ce que la lumière ?	10
Tous les objets émettent-ils de la lumière ?	24
Comment la lumière se déplace-t-elle ?	31
Quelle est la couleur de la lumière ?	37
Comment fait-on de la lumière ?	46
La lumière, à quoi ça sert ?	51
À faire soi-même	57
Index	60

Remerciements

L'auteur et l'éditeur tiennent à remercier : Louis-Paul, Aimane, Danut, Mélissa, Rosa, Loïc, Hortense, Loren, Loane, Younes, Nils, Valentin, Léo, Margaux, Céline, Louis, Wilson, Adelina, Victoria, Nathaniel, Mohamed, Anna ainsi que leur instituteur de CM1 sans lesquels cette minipomme n'aurait pas aussi bien mûri !

Dans la même collection

1. *Le Soleil, notre étoile*

   Roland Lehoucq, illustré par Magali Bonniol.

2. *Mon corps : cent mille milliards de cellules*

   Laurent Degos, illustré par Sophie Jansem

3. *Les petites cases de ma mémoire*

   Francis Eustache, illustré par Odile Graumer

4. *À l'intérieur de l'ordinateur*

   Alain Schuhl, illustré par Stud

5. *Etre vivant : quelle aventure !*

   Louis-Marie Houdebine, illustré par Yann Wehrling

6. *Les atomes de l'Univers*

   Étienne Klein, illustré par Sophie Jansem

---

n° éditeur : 0248-01/1 - n° impression : 25-1108

Achevé d'imprimer sur les presses de l'Imprimerie Darantiere

à Dijon-Quetigny en septembre 2005 - dépôt légal : septembre 2005

Imprimé en France